水科学知识 2016

U0347975

姓名

单位

电话

邮箱

QQ

中国水利水电出版社

www.waterpub.com.cn

2016 年日历

星期一	星期二	星期三	星期四	星期五	星期六	星期日
				1 元旦	2 廿三	3 廿四
4 廿五	5 廿六	6 小寒	7 廿八	8 廿九	9 三十	10 腊月
11 初二	12 初三	13 初四	14 初五	15 初六	16 初七	17 腊八
18 初九	19 初十	20 大寒	21 十二	22 十三	23 十四	24 十五
25 十六	26 十七	27 十八	28 十九	29 二十	30 廿一	31 廿二

星期一	星期二	星期三	星期四	星期五	星期六	星期日
1 廿三	2 廿四	3 廿五	4 立春	5 廿七	6 廿八	7 除夕
8 春节	9 初二	10 初三	11 初四	12 初五	13 初六	14 情人节
15 初八	16 初九	17 初十	18 十一	19 雨水	20 十三	21 十四
22 元宵节	23 十六	24 十七	25 十八	26 十九	27 二十	28 廿一
29 廿二						

星期一	星期二	星期三	星期四	星期五	星期六	星期日
	1 廿三	2 廿四	3 廿五	4 廿六	5 惊蛰	6 廿八
7 廿九	8 妇女节	9 二月	10 初二	11 初三	12 植树节	13 初五
14 初六	15 初七	16 初八	17 初九	18 初十	19 十一	20 春分
21 十三	22 十四	23 十五	24 十六	25 十七	26 十八	27 十九
28 二十	29 廿一	30 廿二	31 廿三			

星期一	星期二	星期三	星期四	星期五	星期六	星期日
				1 愚人节	2 廿五	3 廿六
4 清明	5 廿八	6 廿九	7 三月	8 初二	9 初三	10 初四
11 初五	12 初六	13 初七	14 初八	15 初九	16 初十	17 十一
18 十二	19 谷雨	20 十四	21 十五	22 世界地球日	23 十七	24 十八
25 十九	26 二十	27 廿一	28 廿二	29 廿三	30 廿四	

星期一	星期二	星期三	星期四	星期五	星期六	星期日
						1 劳动节
2 廿六	3 廿七	4 青年节	5 立夏	6 三十	7 四月	8 母亲节
9 初三	10 初四	11 初五	12 初六	13 初七	14 初八	15 初九
16 初十	17 十一	18 十二	19 十三	20 小满	21 十五	22 十六
23 十七	24 十八	25 十九	26 二十	27 廿一	28 廿二	29 廿三
30 廿四	31 廿五					

星期一	星期二	星期三	星期四	星期五	星期六	星期日
		1 儿童节	2 廿七	3 廿八	4 廿九	5 环境日 芒种
6 初二	7 初三	8 初四	9 端午节	10 初六	11 初七	12 初八
13 初九	14 初十	15 十一	16 十二	17 十三	18 十四	19 父亲节
20 十六	21 夏至	22 十八	23 十九	24 二十	25 廿一	26 廿二
27 廿三	28 廿四	29 廿五	30 廿六			

2016 年日历

星期一	星期二	星期三	星期四	星期五	星期六	星期日
				1 建党节	2 廿八	3 廿九
4 六月	5 初二	6 初三	7 小暑	8 初五	9 初六	10 初七
11 初八	12 初九	13 初十	14 十一	15 十二	16 十三	17 十四
18 十五	19 十六	20 十七	21 十八	22 大暑	23 二十	24 廿一
25 廿二	26 廿三	27 廿四	28 廿五	29 廿六	30 廿七	31 廿八

星期一	星期二	星期三	星期四	星期五	星期六	星期日
1 建军节	2 三十	3 七月	4 初二	5 初三	6 初四	7 立秋
8 初六	9 七夕节	10 初八	11 初九	12 初十	13 十一	14 十二
15 十三	16 十四	17 十五	18 十六	19 十七	20 十八	21 十九
22 二十	23 处暑	24 廿二	25 廿三	26 廿四	27 廿五	28 廿六
29 廿七	30 廿八	31 廿九				

星期一	星期二	星期三	星期四	星期五	星期六	星期日
			1 八月	2 初二	3 初三	4 初四
5 初五	6 初六	7 白露	8 初八	9 初九	10 教师节	11 十一
12 十二	13 十三	14 十四	15 中秋节	16 十六	17 十七	18 十八
19 十九	20 二十	21 廿一	22 秋分	23 廿三	24 廿四	25 廿五
26 廿六	27 廿七	28 廿八	29 廿九	30 三十		

星期一	星期二	星期三	星期四	星期五	星期六	星期日
					1 国庆节	2 初二
3 初三	4 初四	5 初五	6 初六	7 初七	8 寒露	9 重阳节
10 初十	11 十一	12 十二	13 十三	14 十四	15 十五	16 十六
17 十七	18 十八	19 十九	20 二十	21 廿一	22 廿二	23 霜降
24 廿四	25 廿五	26 廿六	27 廿七	28 廿八	29 廿九	30 三十
31 十月						

星期一	星期二	星期三	星期四	星期五	星期六	星期日
	1 初二	2 初三	3 初四	4 初五	5 初六	6 初七
7 立冬	8 初九	9 初十	10 十一	11 十二	12 十三	13 十四
14 十五	15 十六	16 十七	17 十八	18 十九	19 二十	20 廿一
21 廿二	22 小雪	23 廿四	24 廿五	25 廿六	26 廿七	27 廿八
28 廿九	29 十一月	30 初二				

星期一	星期二	星期三	星期四	星期五	星期六	星期日
			1 初三	2 初四	3 初五	4 初六
5 初七	6 初八	7 大雪	8 初十	9 十一	10 十二	11 十三
12 十四	13 十五	14 十六	15 十七	16 十八	17 十九	18 二十
19 廿一	20 廿二	21 冬至	22 廿四	23 廿五	24 平安夜	25 圣诞节
26 廿八	27 廿九	28 三十	29 腊月	30 初二	31 初三	

2016 ／乙未年／一月 / January

周五 **1** 十一月廿二 元旦	
周六 **2** 十一月廿三	
周日 **3** 十一月廿四	

一周记事

---

1. 对水的认识定位

　　水是生命之源、生产之要、生态之基，是人类赖以生存和发展不可缺少的一种宝贵资源，是经济社会发展的重要物质基础，也是生态系统的重要组成部分。

　　包括人在内的所有生物都不能缺少水。水是构成人体的重要组成部分，是七大营养要素之一，对人体健康起着重要的作用。水占人体重量的 65% ~ 70%。人的眼球里，水占 92%，血液中 90% 以上是水，脑、肺、肾等内脏器官中水的含量高达 80% 以上。在能够保证饮水和睡眠活动正常的情况下，即便一段时间内不进食，也能维持生命；而如果不喝水，其生命最多只能坚持 1 周。水对人体有着非常重要的作用，可以溶解吸收各种营养物质，淡化毒素，并参与废物排泄和体温调节等。

　　水是工业的血液、农业的命脉，是工农业生产的重要物质基础和支撑条件。在工业中水可作为工作动力（如蒸汽机、水力发电），用来冷却机器和设备（如汽轮机、炼钢炉），作为原料和成品的洗涤剂（如焦化厂、煤制品、织印染厂），调节生产车间的温度和湿度，用作溶剂等。在农业生产中水被用于灌溉，满足农作物生长需要。水是自然环境和生态系统不可替代的要素，又是维系生态系统良性循环的前提和支撑条件。

2016 ／乙未年／一月 / January

周一
4
十一月廿五

周二
5
十一月廿六

周三
6
十一月廿七
小寒

周四
7
十一月廿八

周五
8
十一月廿九

周六
9
十一月三十

周日
10
腊月初一

_____

_____

_____

_____

_____

_____

_____

_____

_____

2. 水的有限性及水之宝贵

看似平平常常、唾手可得的水，其实是很宝贵的，因为地球上可被人类利用的淡水是极其有限的。

从表面上看，地球上的水资源十分丰富，水面面积占地球总面积的71%左右，因此地球又常被誉为"水球"。地球表面积约5.1亿 km^2，总储水量达13.86亿 km^3。其中海洋面积约3.61亿 km^2，占地球表面积的70.8%，而海洋水量为13.38亿 km^3，占地球总储水量的96.5%，这部分巨大水体属于高含盐的咸水，除极少量被利用（作为冷却水、海水淡化等）外，绝大多数不能被人类利用。地球上便于人类生产、生活利用的水只有0.1065亿 km^3，仅占地球总储水量的0.77%。也就是说，虽然地球上水资源丰富，但可被人类利用的淡水资源极其有限。

针对某一个区域或流域来说，水资源量也是有限的。比如，我国国土面积约为960万 km^2，水资源总量约为2.8万亿 m^3；黄河流域面积约为75.2万 km^2，途经9个省（自治区），总水量约为706.6亿 m^3。

2016 ／ 乙未年 ／ 一月 / January

周一
11
腊月初二

周二
12
腊月初三

周三
13
腊月初四

周四
14
腊月初五

周五
15
腊月初六

周六
16
腊月初七

周日
17
腊月初八
腊八节

_____

_____

_____

_____

_____

_____

_____

3. 水问题

　　随着经济社会的发展和人口的不断增长，人类对水的需求不断增加，对自然的改造甚至破坏不断增强，故出现了水资源短缺、水环境污染、洪涝灾害等水问题。随着人类活动的加剧，人水关系越来越紧张，水问题出现的区域越来越多，且越来越复杂、严重。因此关于水问题的研究和解决也越来越艰难，很多问题的研究需要多学科协同努力攻克。

　　（1）水资源短缺日趋严重。在满足正常用水需求同时又不超采地下水的前提下，全国年缺水总量约为 400 亿 m^3。农业、工业以及城市普遍存在缺水问题，其中以农业缺水最为严重。全国 663 个城市中，有 400 多个城市出现供水不足的现象，其中近 150 个城市严重缺水。每年的干旱导致农业大量减产。比如，2000 年全国农作物两季累计受旱面积 3300 万 hm^2，成灾面积 2700 万 hm^2，绝收面积 600 万 hm^2。

　　（2）水环境污染。1980 年全国污水排放量超过 310 亿 m^3，1997 年为 584 亿 m^3，2014 年为 771 亿 m^3。受污染的河长也逐年增加。2014 年，对全国 21.6 万 km 的河流水质状况进行了评价，全国 I～III 类水质的河长占评价河长的 72.8%，IV 类水质的河长占 10.8%，V 类水质的河长占 4.7%，劣 V 类水质的河长占 11.7%，水质状况总体为中。全国 90% 以上的城市水域受到不同程度的污染。

　　（3）洪涝灾害频发。20 世纪 90 年代至 21 世纪初，我国几大江河流域发生了 6 次比较大的洪水，损失近 9000 亿元。特别是 1998 年发生在长江、嫩江和松花江流域的特大洪水，造成全国 29 个省（自治区、直辖市）农田受灾面积 2229 万 hm^2，死亡 4150 人，倒塌房屋 685 万间，直接经济损失 2551 亿元。近年来，国家加大了对防洪工程的投入，一些重要河流的防洪状况得到了显著改善。

2016 ／乙未年／一月 / January

周一
18
腊月初九

周二
19
腊月初十

周三
20
腊月十一
大寒

周四
21
腊月十二

周五
22
腊月十三

周六
23
腊月十四

周日
24
腊月十五

4. 水科学的概念及学科体系

"水科学"（water science）是最近20年来出现频率很高的一个词，已经渗透到社会、经济、生态、环境、资源利用等诸多方面，也派生出许多新的学科或研究方向。但目前研究者对水科学的理解多种多样，涉及的研究范畴也很难界定清楚。

可以把水科学描述为：对"水"的开发、利用、规划、管理、保护、研究，涉及多个行业、多个区域、多个部门、多个学科、多个观念、多个理论、多个方法、多个政策、多个法规，是一个庞大的系统科学。不妨把研究与水有关的学科统称为水科学。具体来说，水科学是一门研究水的物理、化学、生物等特征，分布、运动、循环等规律，开发、利用、规划、管理与保护等方法的知识体系；可以把水科学表达为水文学、水资源、水环境、水安全、水工程、水经济、水法律、水文化、水信息、水教育等十个方面、相互交叉的集合（左其亭，2007）。

引自《中国水科学研究进展报告2011—2012》（左其亭主编，中国水利水电出版社，2013）。

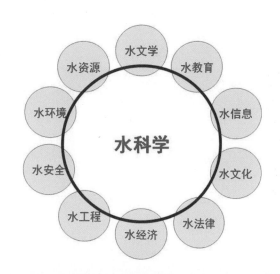

2016 / 乙未年 / 一月 / January

周一 **25** 腊月十六	
周二 **26** 腊月十七	
周三 **27** 腊月十八	
周四 **28** 腊月十九	
周五 **29** 腊月二十	
周六 **30** 腊月廿一	
周日 **31** 腊月廿二	

一周记事

_____

_____

_____

_____

_____

_____

_____

5. 最近几年水科学交流情况

（1）中国水论坛：于2003年发起，每年举办一届，至2015年8月已经成功举办十三届。该论坛是一个有组织、规范化、非官方、纯学术的研讨会，已逐步形成独具特色的办会风格和办会模式，对国内外关于中国水问题方面的研讨具有重要影响。出版的会议论文集使用统一的封面和排版格式，每年评选10名"中国水论坛年度十佳优秀青年论文奖"获得者，在青年学者中具有非常大的影响。中国水论坛设有会徽和会旗，在每届会议闭幕式上宣布下一届论坛的承办单位，并举行会旗交接仪式。通过举办论坛，加强学术交流，交流科研经验，促进了水科学的不断发展。

（2）水科学发展论坛：2007年初，为了搭建一个水科学学术交流平台（相当于俱乐部），策划在每年举办一届"水科学发展论坛"高层研讨会。至2015年，已成功举行了9届。该论坛的特色为：主要以学术交流、互动讨论的方式来进行，大会只设一个主会场；坚持学术平等，体现学术俱乐部的特点；更注重报告后的讨论。

（3）水科学QQ论坛：于2010年4月19日创建了水科学QQ群，由水科学（专家）群（108544773）、水科学（研究生1）群（109397366）、水科学（研究生2）群（81081839）3个子群组成，共可容纳成员5000人。作为一种新的交流工具，水科学QQ群得到了专家学者的广泛支持，特别是青年学者的积极响应，至2015年8月共举办了72次论坛。论坛主要针对目前关注的热点和前沿问题开展讨论，特别是运用现代最快速、最低耗、最高效的网络论坛形式，打破了时空界限，得到了专家和学者的积极响应。

2016 ／乙未年／二月 / February

周一 **1** **腊月廿三** 小年	
周二 **2** **腊月廿四** 世界湿地日	
周三 **3** **腊月廿五**	
周四 **4** **腊月廿六** 立春	
周五 **5** **腊月廿七**	
周六 6 腊月廿八	
周日 7 腊月廿九 **除夕**	

_____

_____

_____

_____

_____

_____

_____

_____

_____

_____

_____

_____

_____

_____

6. 水文学的概念及研究范畴

　　水文学是地球科学的一个分支，是水资源研究和开发、利用、保护的重要理论依据和技术支撑，也是水科学的重要基础内容。水文学主要是研究地球上水的起源、存在、分布、循环运动等变化规律（包括水资源的转化规律），既包括水资源的基础研究内容，也包括为水资源的应用服务内容。水文学具有悠久的发展历史，是从人类利用水资源开始，并伴随着人类水事活动而发展的一门古老学科。同时，又是一个伴随着新技术、新理论、新方法的出现不断演变和发展的与时俱进的学科。

　　➢ 以研究对象分类，包括河流水文学、湖泊水文学、沼泽水文学、冰川水文学、河口海岸水文学、水文气象学、地下水水文学和海洋水文学。

　　➢ 以应用范围分类，包括工程水文学、农业水文学、城市水文学、森林水文学和生态水文学。

　　➢ 以研究方式分类，包括水文测验学、水文调查学和水文实验学。

　　➢ 以研究方法分类，包括水文统计学、随机水文、同位素水文学和数字水文学。

2016 ／丙申年／二月／February

周一 **8** 正月初一 春节	
周二 **9** 正月初二	
周三 **10** 正月初三 国际气象节	
周四 **11** 正月初四	
周五 **12** 正月初五	
周六 **13** 正月初六	
周日 **14** 正月初七 情人节	

_____

_____

_____

_____

_____

_____

_____

_____

_____

7. 水文工作内容及作用

　　水文工作是水利部门的重要基础工作，也是水资源管理的重要基础。主要工作内容包括：地表水、地下水的水量、水质监测，突发水污染、水生态事件水文应急监测，防汛抗旱的水文及相关信息收集、处理、监视、预警、预报，水文及水利信息化建设，水文水资源监测数据整编和情报预测，水资源调查评价等。

　　由于民众不直接接触水文工作，对水文工作不了解，也不清楚水文工作的作用。可以从以下几方面来认识水文工作：

　　（1）为水资源开发利用和管理奠定基础，是水资源工作必不可少的基础性工作，通过水资源工作体现水文学的价值。

　　（2）是水利部门开展防汛抗旱、突发水污染事故、水生态事件、水事纠纷等处置工作的"眼睛"。

　　（3）水文信息化建设是水利现代化的重要内容和基础工作，事关水利发展全局。比如，已经完成或正在实施的国家防汛抗旱水文气象情报预报系统、防汛抗旱指挥系统、水资源管理系统、国家自然资源和基础地理信息库水利分中心、水利卫星数据共享应用平台、水利部应急平台体系等工程，都是事关水利发展全局的重要工作。

2016 ／丙申年／二月／ February

周一 **15** 正月初八	
周二 **16** 正月初九	
周三 **17** 正月初十	
周四 **18** 正月十一	
周五 **19** 正月十二 雨水	
周六 **20** 正月十三	
周日 **21** 正月十四	

8. 水文监测

水文监测是通过一定的手段或方法，按照一定规则，对自然界中水体（江、河、湖、海，地表水、地下水）的各种水文要素进行监控、测量、分析以及预警等。水文监测一般是由布设的水文观测站来承担，包括：对江河湖泊水深、水位、流向、流速、流量、水温、冰情、含沙量、降水量、蒸发量、水质、水的化学组成等的监测；对海洋潮汐、潮流、波浪、海流、海水温度、盐度、海上气温、气压、风向、风速、浮游生物等的监测；以及对地表水、地下水的时空分布、变化规律的监测等。

各种水文监测资料经整理分析后，用于各种水文分析，作为水文预报的依据，也是研究径流变化规律、河流演变规律、海洋特征以及各种水利工程设计的重要基础资料。

2016 ／丙申年／二月／ February

二月

水文学

周一 **22** 正月十五 元宵节	
周二 **23** 正月十六	
周三 **24** 正月十七	
周四 **25** 正月十八	
周五 **26** 正月十九	
周六 **27** 正月二十	
周日 **28** 正月廿一	

9. 水文模型

水文模型可分为：实体模型（如比例尺模型）、类比模型（如用电流欧姆定律类比渗流达西定律的模型）和数学模拟模型。其中，数学模拟模型是人们最常用的一类水文模型，在没有特别说明的情况下，一般所说的水文模型就是数学模拟模型。

水文模型是运用数学的语言和方式来描述水文原型的主要特征关系和过程。其中，描述水文现象必然性规律的模型称为确定性模型；描述水文现象不确定性规律的模型称为不确定性模型。

确定性水文模型又分为三类：

（1）数学物理模型，是以数学物理方法对水文现象进行模拟的模型，它依据物理学的质量、动量与能量守恒定律以及流域产汇流的特性，推导出描述地表径流和地下径流的微分方程组。

（2）概念性模型，是以水文现象的物理概念作为基础进行模拟的，是利用一些简单的物理概念（如下渗曲线、蓄水曲线等）或有物理意义的结构单元（如线性水库、线性渠道等）对复杂的水文现象进行概化，然后建立水文模型。它可以模拟水循环的整个过程，如流域水文模型，也可以模拟水循环的某个环节，如产流模型、汇流模型、蒸散发模型、土壤水模型、地下水模型等。

（3）系统理论模型，又叫系统响应模型，是一种具有统计性质的时间序列回归模型，属于确定性模型。

引自《现代水文学（第二版）》（左其亭、王中根著，中国水利水电出版社，2006）

2016 ／丙申年／三月 / March

周一
29
正月廿二

周二
1
正月廿三

周三
2
正月廿四

周四
3
正月廿五

周五
4
正月廿六

周六
5
正月廿七
惊蛰

周日
6
正月廿八

_____

_____

_____

_____

_____

_____

_____

_____

_____

_____

_____

_____

10. 水资源的概念及研究范畴

水资源（water resources）是自然资源的一种，其含义十分丰富，对水资源概念的界定也多种多样。一般对水资源的定义有广义和狭义之分。广义的水资源是指地球上水的总体，包括大气中的降水，河湖中的地表水，浅层和深层的地下水，冰川，海水等。狭义的水资源是指与生态系统保护和人类生存与发展密切相关的，可以利用的，而又逐年能够得到恢复和更新的淡水，其补给来源为大气降水。

对于某一流域或局部地区而言，水资源的含义则更为具体。广义的水资源就是大气降水，地表水、土壤水和地下水是其三大主要组成部分。狭义的水资源就是河川径流，包括地表径流、壤中流和地下径流。

水资源是人类和所有生物不可缺少的一种特殊的自然资源，具有流动性、可再生性、有限性、公共性、多用途性、利与害的两重性等特点。

在水科学中，水资源研究的主要内容有：水资源形成、转化、循环运动等规律；水资源开发、利用、评价、分析、配置、规划、管理、保护以及对水资源的规划、水价政策制定和行政管理等。

三月

水资源

2016／丙申年／三月／March

周一 **7** 正月廿九	
周二 **8** 正月三十 国际妇女节	
周三 **9** 二月初一 中国保护母亲河日	
周四 **10** 二月初二 龙头节	
周五 **11** 二月初三	
周六 **12** 二月初四 植树节	
周日 **13** 二月初五	

一 周 记 事

_____

_____

_____

_____

_____

_____

11. 2014年我国水资源及其开发利用情况

2014年，全国平均降水量为622.3mm，与常年值基本持平。全国地表水资源量为26263.9亿 m³，折合年径流深277.4mm，比常年值偏少1.7%。全国矿化度不大于2g/L地区的地下水资源量为7745.0亿 m³，比常年值偏少4.0%。全国水资源总量为27266.9亿 m³，比常年值偏少1.6%。地下水与地表水资源不重复量为1003.0亿 m³。

全国总供水量为6095亿 m³，占当年水资源总量的22.4%。其中，地表水源供水量为4921亿 m³，地下水源供水量为1117亿 m³，其他水源供水量为57亿 m³。

全国总用水量为6095亿 m³。其中，生活用水占总用水量的12.6%；工业用水占22.2%；农业用水占63.5%；生态环境补水（仅包括人为措施供给的城镇环境用水和部分河湖、湿地补水）占1.7%。

全国用水消耗总量为3222亿 m³，耗水率（消耗总量占用水总量的百分比）为53%。各类用户耗水率差别较大，农业为65%，工业为23%，生活为43%，生态环境补水为81%。全国废污水排放总量为771亿 t。

全国人均综合用水量447m³，万元国内生产总值（当年价）用水量96m³。耕地实际灌溉亩均用水量402m³，农田灌溉水有效利用系数0.530，万元工业增加值（当年价）用水量59.5m³，城镇人均生活用水量（含公共用水）213L/d，农村居民人均生活用水量81L/d。

数据引自《中国水资源公报2014》（中华人民共和国水利部编，中国水利水电出版社，2015）

2016 ／丙申年／三月 / March

周一 **14** 二月初六	
周二 **15** 二月初七 国际消费者 权益日	
周三 **16** 二月初八	
周四 **17** 二月初九	
周五 **18** 二月初十	
周六 **19** 二月十一	
周日 **20** 二月十二 春分	

12. 水资源规划

水资源规划是以水资源利用、调配为对象，在一定区域内为开发水资源、防治水患、保护生态系统、提高水资源综合利用效益而制定的总体措施计划与安排（左其亭，2003）。水资源规划是水利部门的重点工作内容之一，对水资源的开发利用起重要指导作用。

水资源规划的基本任务是：根据国家或地区的经济发展计划、保护生态系统要求以及各行各业对水资源的需求，结合区域内或区域间水资源条件和特点，选定规划目标，拟定开发治理方案，提出工程规模和开发次序方案，并对生态系统保护、社会发展规模、经济发展速度与经济结构调整提出建议。这些规划成果，将作为区域内各项水利工程设计的基础和编制国家水利建设长远计划的依据。

水资源规划的主要内容包括水资源量与质的计算与评估、水资源功能的划分与协调、水资源的供需平衡分析与水量科学分配、水资源保护与灾害防治规划以及相应的水利工程规划方案设计及论证等。

水资源规划的类型有流域水资源规划、跨流域水资源规划、地区水资源规划、专项水资源规划、水资源综合规划。

2016 ／丙申年／三月 / March

周一 **21** 二月十三 世界森林日	
周二 **22** 二月十四 世界水日 中国水周 （至 28 日）	
周三 **23** 二月十五 世界气象日	
周四 **24** 二月十六	
周五 **25** 二月十七	
周六 **26** 二月十八	
周日 **27** 二月十九	

_____

_____

_____

_____

_____

_____

_____

_____

_____

_____

_____

_____

_____

_____

_____

13. 水资源管理

　　水资源管理，是指对水资源开发、利用和保护的组织、协调、监督和调度等方面的实施，包括运用行政、法律、经济、技术和教育等手段，组织开发利用水资源和防治水害；协调水资源的开发利用与经济社会发展之间的关系，处理各地区、各部门间的用水矛盾；监督并限制各种不合理开发利用水资源和危害水源的行为；制定水资源的合理分配方案，处理好防洪和兴利的调度原则，提出并执行对供水系统及水源工程的优化调度方案；对来水量变化及水质情况进行监测与相应措施的管理等（陈家琦，1987）。

　　水资源管理是水行政主管部门的重要工作内容，它涉及水资源的有效利用、合理分配、保护治理、优化调度以及所有水利工程的布局协调、运行实施及统筹安排等一系列工作。水资源管理，是针对水资源分配、调度的具体管理，是水资源规划方案的具体实施过程。具体内容包括：加强宣传教育，提高公众觉悟和参与意识；制定水资源合理利用措施；制定水资源管理政策；实行水资源统一管理；实时进行水量分配与调度。

2016 ／丙申年／三月／ March

周一
28
二月二十

周二
29
二月廿一

周三
30
二月廿二

周四
31
二月廿三

周五
1
二月廿四
愚人节

周六
2
二月廿五

周日
3
二月廿六

_____

_____

_____

_____

_____

_____

_____

_____

_____

_____

_____

14. 最严格水资源管理制度

2009 年全国水利工作会议上提出"从我国的基本水情出发，必须实行最严格的水资源管理制度"，这是我国首次明确提出最严格水资源管理制度的概念。2009 年全国水资源工作会议上发表了题为《实行最严格的水资源管理制度，保障经济社会可持续发展》的报告，明确指出要尽快建立并落实最严格水资源管理"三条红线"。

2011 年中央一号文件特别指出要"实行最严格的水资源管理制度"。2012 年，国务院以国发〔2012〕3 号文件发布了《国务院关于实行最严格水资源管理制度的意见》，对实行最严格水资源管理制度作出全面部署和具体安排。2013 年，国务院办公厅以国办发〔2013〕2 号文件发布了《国务院办公厅关于印发实行最严格水资源管理制度考核办法的通知》。2014 年，水利部等 10 部委以水资源〔2014〕61 号文发布了《关于实行最严格水资源管理制度考核工作实施方案》。

最严格水资源管理制度的核心内容是"三条红线""四项制度"。"三条红线"，即水资源开发利用控制红线、用水效率控制红线、水功能区限制纳污红线。"四项制度"，即用水总量控制制度、用水效率控制制度、水功能区限制纳污制度、水资源管理责任和考核制度。

2016 ／丙申年／四月／ April

周一 **4** 二月廿七 清明	
周二 **5** 二月廿八	
周三 **6** 二月廿九	
周四 **7** 三月初一 世界卫生日	
周五 **8** 三月初二	
周六 **9** 三月初三	
周日 **10** 三月初四	

---

15. 水环境的概念及研究范畴

水环境一般是指河流、湖泊、水库、沼泽、地下水、冰川、海洋等贮水体中的水本身及水体中的悬浮物、溶解物质、底泥，甚至还包括水生生物等。广义的水环境还应包括与水体密切相连周边一定的范围。按照环境要素的不同，水环境可分为河流环境、湖泊环境、海洋环境、地下水环境等。

在水科学中讨论的水环境内容比较广泛，涵盖所有与水有关的环境学问题，主要内容偏重于：水环境调查、监测与分析；水功能区划；水质模型与水环境预测；水环境评价；污染物总量控制及其分配；水资源保护规划；生态环境需水量，生态水文学；水污染防治和生态环境保护。

水环境是一个城市文明的象征，是提高城市文化和生活品位的一项重要衡量指标，也是构建和谐社会的重要组成部分。然而，随着工业化与城市化进程的加快，人类对水资源的过度开发利用引发了一系列的水环境问题，一些地方水污染现象十分突出，严重威胁着人们的健康。水环境恶化不仅会引发生态危机，同时还会带来经济和政治问题，直接关系到粮食安全、生态安全、国民健康安全、社会安全等。因此，水环境越来越受到国际社会的关注。

2016 ／ 丙申年 ／ 四月 / April

周一
11
三月初五

周二
12
三月初六

周三
13
三月初七

周四
14
三月初八

周五
15
三月初九

周六
16
三月初十

周日
17
三月十一

―――――――――――――――――――――――――――――――

―――――――――――――――――――――――――――――――

―――――――――――――――――――――――――――――――

―――――――――――――――――――――――――――――――

―――――――――――――――――――――――――――――――

―――――――――――――――――――――――――――――――

―――――――――――――――――――――――――――――――

16. 2014 年我国水环境状况

2014 年，对全国 21.6 万 km 的河流水质状况进行了评价。全年 I 类水质的河长占评价河长的 5.9%，II 类水质的河长占 43.5%，III 类水质的河长占 23.4%，IV 类水质的河长占 10.8%，V 类水质的河长占 4.7%，劣 V 类水质的河长占 11.7%。

对全国开发利用程度较高和面积较大的 121 个主要湖泊共 2.9 万 km² 水面进行了水质评价。全年总体水质为 I ～ III 类的湖泊有 39 个，IV ～ V 类湖泊 57 个，劣 V 类湖泊 25 个。

对全国 247 座大型水库、393 座中型水库及 21 座小型水库，共 661 座主要水库进行了水质评价。全年总体水质为 I ～ III 类的水库有 534 座，IV ～ V 类水库 97 座，劣 V 类水库 30 座。

全国评价水功能区共 5551 个，满足水域功能目标的有 2873 个，占评价水功能区总数的 51.8%。评价全国重要江河湖泊水功能区有 3027 个，符合水功能区限制纳污红线主要控制指标要求的有 2056 个，达标率为 67.9%。各流域水资源保护机构对全国 527 个重要省界断面进行了监测评价，I ～ III 类、IV ～ V 类、劣 V 类水质断面比例分别为 64.9%、16.5% 和 18.6%。

对主要分布在北方 17 省（自治区、直辖市）平原区的 2071 眼水质监测井进行了监测评价，地下水水质总体较差。其中，水质优良的测井占评价监测井总数的 0.5%，水质良好的占 14.7%，水质较差的占 48.9%，水质极差的占 35.9%。

数据引自《中国水资源公报 2014》（中华人民共和国水利部编，中国水利水电出版社，2015）

2016 ／丙申年 ／四月 / April

周一
18
三月十二

周二
19
三月十三
谷雨

周三
20
三月十四

周四
21
三月十五

周五
22
三月十六
世界地球日

周六
23
三月十七

周日
24
三月十八

_____

_____

_____

_____

_____

_____

_____

17. 水体中污染物及危害

　　一般天然水体所包含的阴阳离子、气体、微量元素以及胶体、悬浮物质等，对人体和生物的健康影响不大。但是，如果人为排放了含有大量有毒有害物质的废污水，从而直接或间接改变了水体的化学成分，就有可能影响到人体和生物的健康。

　　进入水体的污染物种类繁多，危害各异。按污染的属性进行分类，可分为物理性污染物、化学性污染物和生物性污染物三类，其下又细分为无机无毒污染物、耗氧有机物（有机无毒物）、有毒物质、生源物质、放射性污染物、油类污染物、生物污染物、固体污染物、感官性污染物和热污染10种。

　　水体受污染后，能使水环境系统产生物理性、化学性和生物性的危害。物理性危害是指恶化感官性状，减弱浮游植物的光合作用，以及热污染、放射性污染带来的一系列不良影响；化学性危害是指化学物质降低水体自净能力，毒害动植物，破坏生态系统平衡，引起某些疾病和遗传变异，腐蚀工程设施等；生物性危害，主要指病源微生物随水传播，造成疾病蔓延。

　　耗氧有机物绝大多数无毒，但如果营养元素富集，消耗溶解氧过多时，将造成水体缺氧，水质恶化，致使鱼类等水生生物窒息而死亡。

　　重金属毒性强，不易消失，不易降解，且可通过食物链（如人吃鱼等）逐级累积，危害极大。饮用水含微量重金属，即可对人体产生毒性效应。

2016 ／丙申年 ／四月 / April

四月

水环境

周一 **25** 三月十九	
周二 **26** 三月二十	
周三 **27** 三月廿一	
周四 **28** 三月廿二	
周五 **29** 三月廿三	
周六 **30** 三月廿四	
周日 **1** 三月廿五 国际劳动节	

18. 水环境综合治理

　　随着人口增长、经济快速发展，水环境恶化问题日益严重，已成为全球性水安全迫切需要解决的问题。当前，我国一些地区水环境质量差、水生态受损重、环境隐患多等问题十分突出，影响和损害群众健康，不利于经济社会持续发展。

　　水环境治理十分紧迫，而治理工作又十分艰巨。总体来看，由于水环境问题涉及面很广，涉及多个行业、多个部门、多个学科。水环境治理，需要政府主导，科技工作者联合攻关，企业参与治理，广大群众共同参与，也就是要开展水环境综合治理，具体包括以下几方面：

　　（1）水环境治理的有关技术方法的进一步研究和应用。

　　（2）建立健全支撑水环境保护的法律制度。

　　（3）与水污染控制有关的工程建设，包括污水收集与处理、污水回用、水生态修复、综合节水、非常规水利用等一系列工程建设。

　　（4）构建通畅的投资渠道，需要大量的资金作保障。

　　（5）公众参与保护水环境的宣传与教育。

　　（6）建立完善的监控系统与监督机制。

　　（7）加强奖罚考核与管理，对水环境主管部门进行综合考核，整治水环境恶化事件，形成可行的管理机制。

2016 ／丙申年／五月 / May

周一 **2** 三月廿六	
周二 **3** 三月廿七	
周三 **4** 三月廿八 五四青年节	
周四 **5** 三月廿九 立夏	
周五 **6** 三月三十	
周六 7 四月初一	
周日 8 四月初二 母亲节	

_____

_____

_____

_____

_____

_____

_____

_____

_____

_____

_____

_____

19. 水安全的概念及研究范畴

　　水安全是一个内涵十分丰富的概念，不同人可能有不同的认识，至今尚未形成一个比较认同的统一概念。从一般意义来讲，水安全应该是保障人类生存、生产以及相关的生态和环境用水安全。出现与水有关的危害都是水安全需要解决的问题，如缺水、洪涝、水污染、溃坝等可能带来的各种危害，包括经济损失，人体健康受影响，生存环境质量下降等。水安全是水资源支撑人类生存和发展的重要方面，已上升到国家安全战略。水安全与粮食安全、能源安全一起被列为三大安全问题，是实现经济社会可持续发展的重要基础。

　　水安全包括哪些方面？我们可从"水是生命之源、生产之要、生态之基"这一科学判断来分析，包括保障生活用水的水安全、保障工农业生产用水的水安全、保障生态用水的水安全、规避危害人类生命财产的水安全等；也可以从水安全属性上来分类，包括水资源安全、水环境安全、水生态安全、水工程安全、供水保障安全、洪涝防御安全等。

2016／丙申年／五月／May

周一 **9** 四月初三 全国城市节水 宣传周 （至 15 日）	
周二 **10** 四月初四	
周三 **11** 四月初五	
周四 **12** 四月初六 护士节 中国防灾减灾日	
周五 **13** 四月初七	
周六 **14** 四月初八	
周日 **15** 四月初九	

一 周 记 事

_____

_____

_____

_____

_____

_____

_____

_____

_____

20. 我国水安全面临的形势

　　总体来看，我国水安全问题和世界水安全形势基本一致，都面临着人口快速增长、经济不断发展、人类社会问题越来越复杂等方面的挑战，出现的水安全问题已对经济社会发展带来前所未有的影响和挑战。

　　（1）水资源安全方面。我国水资源总体短缺，某些地区、某些时期水资源短缺更为严重，为用水带来严重安全危机。

　　（2）水环境安全方面。污废水排放量逐年增长，大多数污水未经处理就直接排入水体，严重污染地表水和地下水，特别是某些地区污染非常严重，已经严重影响人体健康和正常生活。

　　（3）水生态安全方面。受人类活动的影响，特别是不合理的过度开发，水生态系统受损严重。河流断流、湖泊萎缩、湿地退化、水土流失等问题不断呈现，已危及经济社会发展甚至历史文明的延续。

　　（4）水工程安全方面。水利投入仍存在较大缺口，工程质量和标准还较低，运行管理水平仍较落后，有些水工程基础设施配套差、设备老化失修、运行状态不良，存在安全隐患。

　　（5）供水保障安全方面。由于我国水资源先天不足，特别是部分地区人均水资源量少，再加上需水量不断增长，水体受到污染，导致供水保障受到严重挑战。

　　（6）洪涝防御安全方面。近年来，国家加大了对防洪工程的投入，一些重要河流的防洪状况得到了很大改善，然而从全国范围来看，防洪建设始终是我国的一项长期而紧迫的任务。

2016 ／丙申年／五月／ May

周一 **16** 四月初十	
周二 **17** 四月十一	
周三 **18** 四月十二 国际博物馆日	
周四 **19** 四月十三 中国旅游日	
周五 **20** 四月十四 小满 世界计量日	
周六 **21** 四月十五	
周日 **22** 四月十六 国际生物多样性日	

_____

_____

_____

_____

_____

_____

_____

_____

21. 我国应对水危机采取的措施及成效

水安全问题涉及水资源开发、生态保护、经济发展、社会服务等多个领域，涉及技术、管理、政策、法律等多个方面，涉及水利、环保、国土、农业等多个部门，需要多领域、多方面、多部门综合应对。近些年来，我国政府和部门已采取了一系列应对措施，取得了显著成效。

节水型社会建设全面推进。2005 年发布了《中国节水技术政策大纲》，2012 年出台了《关于加强节水产品质量提升与推广普及的指导意见》，逐步形成了全社会广泛参与的节水新风尚。

最严格水资源管理制度全面实施。2012—2014 年陆续发布了《国务院关于实行最严格水资源管理制度的意见》《实行最严格水资源管理制度考核办法》《实行最严格水资源管理制度考核工作实施方案》，对保障供水，缓解水短缺，恢复地下水水位，减少排污量具有重要作用。

水生态文明建设加快推进。2013 年发布了《水利部关于加快推进水生态文明建设工作的意见》，启动了两批共 105 个全国水生态文明城市建设试点工作。

水资源管理体制改革稳步推进。2014 年印发了《水利部关于深化水利改革的指导意见》，为有效应对水危机提供完善的管理体制和制度体系。

政府对水利的投资不断增加。2011 年中央一号文件和《水利部关于深化水利改革的指导意见》中均提出，进一步完善水利投入稳定增长机制，有力地促进水利基础设施建设。

2016 ／丙申年 ／五月 / May

周一
23
四月十七

周二
24
四月十八

周三
25
四月十九

周四
26
四月二十

周五
27
四月廿一

周六
28
四月廿二

周日
29
四月廿三

一 周 记 事

_____

_____

_____

_____

_____

_____

_____

22. 保障水安全的措施总结

　　水安全保障工作是一个十分复杂的系统工程，需要不同行业、不同专业以及全社会的共同努力，既有技术层面的问题，也有管理层面和政策、法律问题。

　　（1）在水资源安全方面，强化节水、限制用水、提高用水效率；提高非常规水资源的利用，如海水淡化、雨洪利用、中水回用等；优化产业布局和结构调整。

　　（2）在水环境安全方面，限制排污总量、提高污水处理率；加强污水处理与回用新技术研发；完善水资源保护法律体系，加大执法，加强监管，增强公民保护意识；完善水环境监测网络，提高信息化水平。

　　（3）在水生态安全方面，加强水资源保护、推行生态文明建设；做好工程建设的生态影响评价工作；把建设美丽中国作为政府考核的一项重要依据常抓不懈。

　　（4）在水工程安全方面，加大投资兴建一批骨干工程；关注中小型水库、塘坝建设、安全防护、农田水利工程配套建设；关注涉及民生的工程建设与安全问题，比如农村饮用水安全、农业抗旱应急工程。

　　（5）在供水保障安全方面，加大供水工程建设、提高用水效率；按不同用水需求进行分质供水，保障水质安全；取缔或限制高耗水产业，避免水资源超载和供水不稳定；建立和保护备用水源地，提升应急供水能力。

　　（6）在洪涝防御安全方面，加大江河湖库防洪工程建设、提高防洪标准；建立洪涝灾害防控预案，开展预防演练，加大宣传，提高突发性洪涝、泥石流灾害的预警与防控能力等。

2016 ／丙申年／六月／ June

周一 **30** 四月廿四	
周二 **31** 四月廿五 世界无烟日	
周三 **1** 四月廿六 国际儿童节	
周四 **2** 四月廿七	
周五 **3** 四月廿八	
周六 4 四月廿九	
周日 5 五月初一 芒种 世界环境日	

_____

_____

_____

_____

_____

_____

_____

_____

_____

_____

_____

_____

_____

23. 水工程的概念及研究范畴

《中华人民共和国水法》第八章第七十九条界定，水工程是指在江河、湖泊和地下水源上开发、利用、控制、调配和保护水资源的各类工程。

水科学体系中界定的"水工程"研究范畴，不等同于"水利工程"，不包括水利工程设计、施工内容，主要内容偏重于：水资源开发工程方案、河流治理工程方案选择；大型、跨流域或跨界（如省界、市界、县界等）河流的水利工程规划与论证；水利工程建设顺序；水利工程布置方案、可行性研究；水利工程调度、运行管理方案等。

水工程是我国水安全、水资源、水环境、水文化的基础，直接影响我国的经济社会发展，所以必须要重视水工程的建设，做好其规划、管理工作。包括建立健全水工程管理体系、建设体制、养护体制、法规体系及水工程的管理保障体系、现代化发展体系。

2016 ／丙申年／六月／June

周一 **6** 五月初二	
周二 **7** 五月初三	
周三 **8** 五月初四 世界海洋日	
周四 **9** 五月初五 端午节	
周五 **10** 五月初六	
周六 **11** 五月初七	
周日 **12** 五月初八	

24. 水工程运行管理

　　水是人类生活和生产必不可少的宝贵资源，但其自然存在的状态并不完全符合人类的多种需求。只有修建水工程，才能控制水流，防止洪涝灾害，并进行水量的调节和分配，以满足人民生活和生产对水资源的需要。

　　60 多年的新中国发展史也是一部辉煌的水工程发展史，大批优质高效的水利工程建设项目确保了现代中国江河安澜、水润民生。当前，水工程建设如火如荼进行的同时，也需要水工程规划、运行、调度、管理及相应软件的配套实施。长期以来"重建轻管"思想的存在使得水工程的运行能力受限，无法充分发挥其服务功能。

　　近年来，随着传统水利向现代水利和资源水利的转变，水工程服务功能愈来愈受到重视，诸多学者开始专注于水工程建设的前期规划、中期运行和后期管理研究，并取得了一系列有价值的研究成果，这些成果为水工程服务功能的完善和运行提供了重要的技术支撑，也大大促进了水工程建设和效益的发挥。

2016 ／丙申年／六月／ June

周一 **13** 五月初九	
周二 **14** 五月初十	
周三 **15** 五月十一	
周四 **16** 五月十二	
周五 **17** 五月十三 世界防治荒漠化 和干旱日	
周六 **18** 五月十四	
周日 **19** 五月十五 父亲节	

_____

_____

_____

_____

_____

_____

_____

_____

25. 水工程规划

　　水工程规划涉及诸多领域，强化水工程规划是实施水资源综合管理的基础。在水资源开发利用实践中，主要以流域／区域水系规划为主，而在具体的水工程方面则较为分散，各项水工程均有所涉及。水工程规划前期研究主要集中于水库及辅助工程规划、河流水系工程、城市引排水工程的规划，但随着"生态文明建设"和"人水和谐"理念日渐深入人心，再生水、水生态等相关水生态环境工程规划开始越来越受到重视。

　　目前水工程规划研究主要包括：

　　（1）河流水系工程规划：是水资源规划的主要内容，也涉及到流域各项水工程的规划布局。

　　（2）水生态工程规划：不仅考虑实现水系生态服务功能，而且注重旅游价值，实现生态经济双促进，推动生态文明建设。

　　（3）排水工程规划：近年来，"城市看海"现象不断显现，城市排水工程规划受到越来越多关注。

　　（4）再生水工程规划：主要集中在城市再生水利用，为提升水的利用效率、缓解城市用水紧张起到重要作用。

　　2007年水利部部令第31号发布了《水工程建设规划同意书制度管理办法（试行）》，要求水工程的（预）可行性研究报告（项目申请报告、备案材料）在报请审批（核准、备案）时，应当附具流域管理机构或者县级以上地方人民政府水行政主管部门审查签署的水工程建设规划同意书。内容包括对水工程建设是否符合流域综合规划和防洪规划审查并签署的意见。

2016／丙申年／六月／June

周一 **20** 五月十六	
周二 **21** 五月十七 夏至	
周三 **22** 五月十八	
周四 **23** 五月十九 国际奥林匹克日	
周五 **24** 五月二十	
周六 **25** 五月廿一 全国土地日	
周日 **26** 五月廿二	

---

26. 农村饮水安全工程

　　21 世纪初，我国农村饮水状况堪忧，部分地区用水水质不达标，可用水量不足，用水途径极其不便，约有 3 亿多农村人口（中部和西部地区占 80%）饮水未达到安全标准。为解决这一民生问题，2005 年，国家启动了农村饮水安全应急工程，国家发改委、水利部、卫生部等有关部门编制了《"十一五"农村饮水安全建设规划》。"十二五"期间，又把农村饮水安全工程作为社会主义新农村建设的重点内容之一。2011 年中央一号文件明确指出，在 2015 年前基本解决农村饮水不安全问题。

　　2013 年 12 月 31 日，国家发改委、水利部、卫生计生委、环境保护部、财政部联合印发《农村饮水安全工程建设管理办法》（发改农经〔2013〕2673 号）。该办法是对 2007 年印发的《农村饮水安全项目建设管理办法》（发改投资〔2007〕1752 号）进行的修订，目的是进一步加强农村饮水安全工程建设管理，确保工程建设质量，充分发挥投资效益，保障农村饮水安全，改善农村居民生活和生产用水条件。

2016 ／丙申年／六月 / June

周一 **27** 五月廿三	
周二 **28** 五月廿四	
周三 **29** 五月廿五	
周四 **30** 五月廿六	
周五 **1** 五月廿七 建党节	
周六 **2** 五月廿八	
周日 **3** 五月廿九	

---

27. 黄河大堤工程

　　黄河，中华民族的母亲河，养育了一代又一代勤劳勇敢的中华儿女。黄河下游在华北平原形成高耸的"悬河"，黄河大堤则是忠诚而任劳任怨的勇士，阻挡了洪水的肆虐，保卫着人民生命和财产安全。黄河大堤不仅是防御水患、浇灌沃野的大型水利工程，也是人类改造大自然的一大奇迹，是人类智慧的结晶，是祖先赠予的宝贵财富。

　　黄河大堤一般指黄河下游堤防中的临黄大堤，属于特别重要的Ⅰ级堤防，是黄河下游防洪工程体系的主要组成部分，全长 1370 km，犹如"水上长城"。黄河大堤始建于春秋时期；战国时期，黄河下游的南北大堤陆续建成；秦朝时初步形成了较为完整的堤防体系；北宋五代时期则已经有了双重堤防；明代到清代，是黄河下游堤防建设的一个高潮时期。新中国成立后，黄河大堤工程经过不断改造、加高加固，在修、防、管方面都有了很大发展，建成融"防洪保障线、抢险交通线和生态景观线"于一体的标准化堤防。

2016 ／丙申年／七月 / July

周一 **4** 六月初一	
周二 **5** 六月初二	
周三 **6** 六月初三	
周四 **7** 六月初四 小暑	
周五 **8** 六月初五	
周六 **9** 六月初六	
周日 **10** 六月初七	

28. 水经济的概念及研究范畴

　　水经济是指运用经济学理论研究和解决水系统中的经济学问题,如研究水系统以最小的投入取得尽可能大的经济－社会－环境效益的分析和评价理论、模型、方法和应用;水利产业经济、科技和社会协调发展分析和判断模型,技术进步分析模型,水工程的财务型投入产出预测和规划模型;水电站(群)厂内经济运行方式和模式;水价及水市场理论,水利工程技术经济等。

　　关于水经济方面的研究,早在20世纪80年代初就受到了重视。1980年,在于光远、钱正英等老领导的倡导下成立了中国水利经济研究会。过去水经济方面的研究一直局限于水利工程经济学,自20世纪90年代后期以来,研究领域逐渐扩大,相继开展了水利与国民经济的关系研究,水价值、水权、水市场研究,同时水与经济、社会、生态环境的耦合研究也相继开展。21世纪初,虚拟水概念的引入为水经济研究开辟了一个新的方向,先后出现了一大批研究成果。水经济研究紧密结合国家经济社会发展需求,为指导国民经济建设起了重要的作用,为促进水资源可持续利用,支撑经济社会可持续发展作出了重要贡献。

2016 ／丙申年／七月 / July

周一
11
六月初八
中国航海节

周二
12
六月初九

周三
13
六月初十

周四
14
六月十一

周五
15
六月十二

周六
16
六月十三

周日
17
六月十四

29. 水资源价值理论

水资源价值理论，是水资源经济调控和管理制度建立的理论依据，主要研究水资源是否有价值，其价值形态如何，水资源价值是如何流动、变化的以及如何确立正确的水资源价值观等所有与经济制度有关的理论问题。

按照传统思想对水资源价值的理解，水资源是一种"无价的，可以任意使用的"自然资源，这种资源价值观是来源于以往人类对于水资源"取之不尽，用之不竭"的错误认识。尽管水资源对人类经济生产活动具有十分重要的意义，但人类在从事生产活动和计算生产效益时，往往只考虑投入的劳动力、相关设备以及其他原材料的成本，而很少将水资源本身的价值考虑进去。对水资源价值的错误认识导致人类对水资源的无节制开发和随意浪费，其后果就是今天呈现在人类面前的水资源短缺、水环境恶化以及由此造成的威胁人类生存的各种危机，比如环境危机、粮食危机等。残酷的现实和人类认识水平的不断提高，使得人类对传统的水资源开发利用观念进行批判和反思，并逐步认识到水资源本身也具有价值，在使用水资源进行生产活动的过程中必须考虑水资源自身的成本——水资源价值。

引自《水资源学教程》（左其亭、窦明、马军霞合编，中国水利水电出版社，2008）

2016 ／丙申年 ／七月 / July

周一 **18** 六月十五	
周二 **19** 六月十六	
周三 **20** 六月十七	
周四 **21** 六月十八	
周五 **22** 六月十九 大暑	
周六 **23** 六月二十	
周日 **24** 六月廿一	

一 周 记 事

_____

_____

_____

_____

_____

_____

_____

_____

_____

_____

_____

_____

_____

30. 水权与水权制度

水权即水资源产权，是以水资源为载体的各种权利的总和，它反映了由于水资源的存在和对水资源的使用而形成的人们之间的权利和责任关系。初始水权，是国家根据法定程序，通过水权初始化而明晰的水资源使用权。

水权转让，是在初始水权明晰的基础上，按照国家有关水权交易的法律法规和市场规则进行的转让行为，是促进水资源合理配置和高效利用的一个重要手段。初始水权是一种静态的产权，而水权转让则是在初始水权界定的基础上，让其进入水市场，再次进行水权的二次分配，通过市场的交易使其权属关系发生转变，使水权不断流向需求方。

水权制度，是界定、划分、配置、实施、保护、管理和监督水权，确认和处理各个水权主体责、权、利关系的规则，是从法制、体制、机制等方面对水权进行规范和保障的一系列制度的总称。

我国现行水权制度：水资源属于国家所有，水资源的所有权由国务院代表国家行使；再通过取水许可制度分配给不同用水者，用水者取得水资源使用权，取水许可制度是我国实施水权管理的手段；一般禁止水权转让，如果转让必须在政府主导下进行。

2016 ／丙申年／七月 / July

周一
25
六月廿二

周二
26
六月廿三

周三
27
六月廿四

周四
28
六月廿五

周五
29
六月廿六

周六
30
六月廿七

周日
31
六月廿八

一周记事

---

31. 水价的构成

水价（water price），即水的价格，是指水资源使用者使用单位水资源所付出的价格。在制定水价时，不仅要考虑水资源价值，还要考虑工程投入、污水处理、获取利润等各方面的因素。因此，一般所说的水价是水的整体价格。一般包括资源水价、工程水价和环境水价三个组成部分。

（1）资源水价。即水资源价值或水资源费，是水资源的稀缺性的体现，是水权在经济上的实现形式。资源水价是水资源使用权的初次分配价格，是水价体系构成的第一层，直接关系到水权的初始分配。

（2）工程水价。是指水资源从其天然状态经工程措施加工后成为经济物品的加工成本水价。工程水价一般要考虑工程投资的偿还、工程投资的回报收益、工程运营、管理、维护成本及利润等。它直接关系到水利工程建设与管理资金的筹措，并影响到水资源开发利用的可持续性。

（3）环境水价。是指经过使用后的水体排出用户范围后污染了他人或公共的水环境，为污染治理和水环境保护所需要付出的代价，其具体体现为污水处理费。

引自《水资源学教程》（左其亭、窦明、马军霞合编，中国水利水电出版社，2008）

2016 ／丙申年／八月／August

周一 **1** 六月廿九 建军节	
周二 **2** 六月三十	
周三 **3** 七月初一	
周四 **4** 七月初二	
周五 **5** 七月初三	
周六 **6** 七月初四	
周日 **7** 七月初五 立秋	

---

32. 水法律的概念及研究范畴

　　水法律是指由全国人大常委会审议通过的，以国家主席令形式发布的，规定涉水事务的法律规范。如《中华人民共和国水法》《中华人民共和国防洪法》《中华人民共和国水土保持法》和《中华人民共和国水污染防治法》等。良好而完善的法律以及切实有效的实施是经济社会可持续发展的强有力保障。各种水危机的不断出现，是人类不合理利用水资源、严重破坏自然水平衡的必然恶果；其背后的深层次原因，既包括现有水资源法律体系的不健全，也包括相关法律得不到有效实施，从而无法对人类的不合理用水行为进行纠正和约束。依法治水是我国水资源管理工作的指导思想。

　　水法律的研究应紧紧围绕"依法治水"，主要包括：水政策和法律基本理论；自然资源法；环境的水权利（即生态环境作为法律主体的用水权利）；水权利体系及用水权制度；国际河流及其他跨界河流分水理论及法律基础等。

2016 ／丙申年 ／八月 / August

周一 **8** 七月初六	
周二 **9** 七月初七 七夕节	
周三 **10** 七月初八	
周四 **11** 七月初九	
周五 **12** 七月初十	
周六 **13** 七月十一	
周日 **14** 七月十二	

_____

_____

_____

_____

_____

_____

_____

_____

_____

_____

33. 水行政法规、技术标准、部门规章

水行政法规，是指由国务院常务会议审议通过的，以国务院令形式发布的，规定涉水事务的法律规范。如《中华人民共和国河道管理条例》《水库大坝安全管理条例》《取水许可和水资源费征收管理条例》《中华人民共和国水文条例》。

标准，是对重复性事物和概念所作的统一规定，它以科学、技术和实践经验的综合成果为基础，经有关部门协商一致，由主管机构批准，以特定形式发布，作为共同遵守的准则和依据。技术标准，是标准化的产物，是对技术内容的规范，是技术领域的"技术契约"，是科学活动的指南。技术标准不能违背行政法规，行政法规可以引用技术标准。《中华人民共和国标准化法》将我国标准分为国家标准、行业标准、地方标准、企业标准四级。

水利部规章是指由水利部根据法律和国务院的行政法规、决定、命令，在本部门的权限范围内制定的，由部务会议审议通过的，以水利部令形式发布的有关涉水事务的法律规范。比如，水文水资源调查评价资质和建设项目水资源论证资质管理办法（试行）、建设项目水资源论证管理办法、入河排污口监督管理办法、水量分配暂行办法、取水许可管理办法、水文监测环境和设施保护办法、水文站网管理办法等。

2016 ／丙申年／八月／August

周一 **15** 七月十三	
周二 **16** 七月十四	
周三 **17** 七月十五 中元节	
周四 **18** 七月十六	
周五 **19** 七月十七	
周六 **20** 七月十八	
周日 **21** 七月十九	

一周记事

_____

_____

_____

_____

_____

_____

_____

_____

34. 我国水法规发展沿革

新中国成立后，国家在水管理方面颁布了大量的行政法规，如《水利工程水费征收使用和管理试行办法》（1965 年）、《水土保持工作条例》（1982 年）等。

1988 年颁布了我国第一部水的基本法《中华人民共和国水法》，标志着我国水法律建设进入了新的阶段。其内容涉及水资源综合开发利用和保护、用水管理、江河治理、防治水害等多个方面，明确了水资源的国家所有权，并规定了水资源管理的多项原则和基本制度，是调整各种水事关系的基本法。之后又相继颁布了《中华人民共和国水土保持法》（1991 年）和《中华人民共和国防洪法》（1997 年）等。此外，国务院和有关部门还颁布了相关配套法规和规章，各省（自治区、直辖市）也出台了大量地方性法规、规章。这些法律法规和规章共同组成了一个比较科学和完整的水资源管理法规体系。

2002 年 10 月 1 日起施行新的《中华人民共和国水法》，新水法明确了新时期水资源的发展战略，即以水资源的可持续利用支撑经济社会的可持续发展；强化水资源统一管理，注重水资源的合理配置和有效保护，将节约用水放在突出的位置；对水事纠纷和违法行为的处罚有了明确条款。

2016 ／丙申年 ／八月 / August

周一 **22** 七月二十	
周二 **23** 七月廿一 处暑	
周三 **24** 七月廿二	
周四 **25** 七月廿三	
周五 **26** 七月廿四	
周六 27 七月廿五	
周日 28 七月廿六	

35. 中华人民共和国水法

　　《中华人民共和国水法》（以下简称《水法》）由中华人民共和国第九届全国人民代表大会常务委员会第二十九次会议于 2002 年 8 月 29 日修订通过，自 2002 年 10 月 1 日起施行。

　　《水法》共八章 82 条，包括：总则，水资源规划，水资源开发利用，水资源、水域和水工程的保护，水资源配置和节约使用，水事纠纷处理与执法监督检查，法律责任，附则。

　　《水法》规定：水资源属于国家所有。水资源的所有权由国务院代表国家行使，农村集体经济组织的水塘和由农村集体经济组织修建管理的水库中的水，归各农村集体经济组织使用；国家对水资源依法实行取水许可制度和有偿使用制度，国家厉行节约用水，大力推行节约用水措施，建立节水型社会；开发、利用、节约、保护水资源和防治水害，应当按照流域、区域统一制定规划；开发、利用水资源，应当坚持兴利与除害相结合，兼顾上下游、左右岸和有关地区之间的利益，充分发挥水资源的综合效益，并服从防洪的总体安排；在制定水资源开发、利用规划和调度水资源时，应当注意维持江河的合理流量和湖泊、水库以及地下水的合理水位，维护水体的自然净化能力；县级以上地方人民政府水行政主管部门或者流域管理机构应当根据批准的水量分配方案和年度预测来水量，制定年度水量分配方案和调度计划，实施水量统一调度。

2016 ／丙申年／八月／ August

周一 **29** 七月廿七	
周二 **30** 七月廿八	
周三 **31** 七月廿九	
周四 **1** 八月初一	
周五 **2** 八月初二	
周六 **3** 八月初三 抗战胜利日	
周日 **4** 八月初四	

36. 水事纠纷处理与执法监督检查

人类社会从事开发利用水资源和防治水害的各种活动，统称为水事活动。人类在从事水事活动过程中，自然就形成了一定的水事关系。如果水事关系处理不好就会产生水事矛盾，如果水事矛盾不能得到及时处理就会引发水事纠纷。水事纠纷是指地区与地区之间、单位与单位之间、人与人之间、单位与个人之间，在开发、利用、节约和保护水资源，防治水害或其他水事活动中因权益纠纷而引起的行政争端。

《中华人民共和国水法》第六章规定：不同行政区域之间发生水事纠纷的，应当协商处理；协商不成的，由上一级人民政府裁决，有关各方必须遵照执行。在水事纠纷解决前，未经各方达成协议或者共同的上一级人民政府批准，在行政区域交界线两侧一定范围内，任何一方不得修建排水、阻水、取水和截（蓄）水工程，不得单方面改变水的现状。单位之间、个人之间、单位与个人之间发生的水事纠纷，应当协商解决；当事人不愿协商或者协商不成的，可以申请县级以上地方人民政府或者其授权的部门调解，也可以直接向人民法院提起民事诉讼。在水事纠纷解决前，当事人不得单方面改变现状。县级以上人民政府水行政主管部门和流域管理机构应当对违反水法的行为加强监督检查并依法进行查处。

2016 ／丙申年／九月 / September

周一
5
八月初五

周二
6
八月初六

周三
7
八月初七
白露

周四
8
八月初八

周五
9
八月初九

周六
10
八月初十
教师节

周日
11
八月十一

_____

_____

_____

_____

_____

_____

_____

_____

_____

_____

_____

37. 水文化的概念与研究范畴

人类在与水打交道的过程中，形成了认识水、治水、用水、保护水的思想、理念、行为、风俗、习惯、思维方式、规章制度等具有知识价值的精神财富以及人类在实践活动中创造的物质财富，形成了内涵深厚、源远流长、博大精深的水文化。水文化是文化体系中非常重要的组成部分，水文化建设是文化建设的重要内容。

尽管水文化的形成由来已久，源远流长，"水文化"从古至今已存在于人们文化生活各个方面，但水文化一词作为一个学术概念提出的较晚，大约在20世纪80年代提出。水利部于2011年颁布了《水文化建设规划纲要（2011—2020）》，标志着水文化建设自此拥有了共同行动的纲领，也把水文化研究推向一个高潮。

水文化概念本书作者曾给出如下定义：水文化是人类在与水打交道的过程中，对水的认识、思考、行动、治理、享受、感悟、抒情等行为，创造的以水为载体的文化的统称。水文化研究主要包括：中国水利史，河流文化及科技文明；历史水工程考究；水文化和水工程科学考察；生态环境变迁探索及治理途径，生态型河流水系建设；历史上水文化对后世的影响；人水关系的历史考究和启迪；从历史学的角度，看待水文化建设、水利工程规划、水土资源开发利用以及水管理政策和体制。

2016 ／ 丙申年 ／ 九月 ／ September

周一 **12** 八月十二	
周二 **13** 八月十三	
周三 **14** 八月十四 世界清洁地球日	
周四 **15** 八月十五 中秋节	
周五 **16** 八月十六 国际臭氧层保护日	
周六 **17** 八月十七	
周日 **18** 八月十八	

_____

_____

_____

_____

_____

_____

_____

_____

_____

_____

_____

_____

_____

_____

38. 水文化建设的重要意义

《水文化建设规划纲要（2011—2020）》（水利部 2011 年 11 月颁布）指出：大力加强水文化建设，是贯彻落实中共中央、国务院《关于加快水利改革发展的决定》和中央水利工作会议精神，推进民生水利新发展的需要；是推进传统水利向现代水利、可持续发展水利转变的需要；是转变经济发展方式、推动生态文明建设的需要；是水利部门提高行政管理能力和社会公共服务能力的需要；也是推进社会主义文化大发展大繁荣，提高水利行业文化软实力，增强人们幸福感的需要。因此，加强水文化建设具有重要意义，主要有以下几方面：

（1）加强水文化建设，有利于社会主义核心价值体系建设。

（2）加强水文化建设，有利于促进现代水利建设。

（3）加强水文化建设，有利于提升水工程与水环境的文化内涵和品位。

（4）加强水文化建设，有利于提高水行业职工的综合素质。

（5）加强水文化建设，有利于增强全社会珍惜水、保护水的意识。

（6）加强水文化建设，有利于推动生态文明建设。

（7）加强水文化建设，有利于推动社会主义文化发展和繁荣。

2016 ／丙申年／九月 / September

周一
19
八月十九

周二
20
八月二十

周三
21
八月廿一

周四
22
八月廿二
秋分

周五
23
八月廿三

周六
24
八月廿四

周日
25
八月廿五

一 周 记 事

_____

_____

_____

_____

_____

_____

_____

_____

39. 水利建设的水文化

　　水利建设包括为了防洪、排涝、供水、灌溉、挡潮、降渍等目的而建设的各类水利工程和其他相关水利建设。主要水利工程类型有大坝、堤防、水闸、泵站、水电站、船闸、涵洞、水库、蓄（滞）洪区、坎儿井、水窖、水井、渠道、河道等。

　　人类进行水利建设的历史悠久，积累了大量认识水、利用水的经验。从很早时期，人类就致力于水资源利用，水旱灾害防御，几千年来，我国建设了京杭大运河、都江堰、灵渠等一批著名的水工程，在抵御水旱灾害方面发挥了一定作用。特别是新中国成立后，全国人民进行了大规模的水利建设，防洪除涝、农田灌溉、城乡供水、水土保持、水产养殖、水力发电、航运等都取得了很大成就。

　　在水利建设的历史长河中，形成了丰富多彩的水文化。在水利建设中流传了丰富的水文化遗产和可歌可泣的诗歌散文、绘画摄影、科学著作、民间故事、人物传记、水利精神、宣传展览等，包括大型水利枢纽工程带来的水文化（如长江三峡工程、黄河小浪底工程、都江堰水利工程）、水库工程带来的水文化（如三门峡水库、密云水库、十三陵水库）、堤防工程带来的水文化（如长江防洪大堤、黄河防洪大堤、钱塘江海塘工程）、调水工程带来的水文化（如郑国渠、南水北调工程、引滦入津工程）、运河工程带来的水文化（如京杭大运河、灵渠）等。

2016 ／丙申年／九月／ September

周一 **26** 八月廿六	
周二 **27** 八月廿七 世界旅游日	
周三 **28** 八月廿八	
周四 **29** 八月廿九	
周五 **30** 八月三十	
周六 **1** 九月初一 国庆节	
周日 **2** 九月初二	

_____

_____

_____

_____

_____

_____

_____

_____

_____

_____

_____

_____

40. 农业发展的水文化

民以食为天。在人类历史早期，人的生存主要依赖于农业生产。后来，除了农业外，逐步发展有第二产业、第三产业。农业是人类衣食之源、生存之本，是一切生产的首要条件，属于第一产业，为国民经济其他部门提供粮食、副食品、工业原料和物资。因此，人类发展历史过程伴随着久远的农业发展过程，创造了历史悠久、丰富多彩的农业文化。

因为农田作物生长与水有关，历史上很早的农业耕作就开始进行农业灌溉，与水打交道，积累了丰富的农业用水经验，也流传了很多农业灌溉、农业节水、农田建设方面的经典故事、范例、诗歌散文等内容，这是水文化的重要组成部分。比如，新疆坎儿井、都江堰工程是历史上著名的农业灌溉经典工程，红旗渠、灵渠、泾惠渠、长渠是历史上著名的农业灌渠工程，元阳梯田是农田基本建设的典型范例。

以上水文化知识，均引自《水文化职工培训读本》（左其亭主编，中国水利水电出版社，2015）

2016 ／丙申年／十月 / October

周一
3
九月初三

周二
4
九月初四

周三
5
九月初五
国际减轻自然灾
害日（减灾日）

周四
6
九月初六

周五
7
九月初七

周六
8
九月初八
寒露

周日
9
九月初九
重阳节

41. 水信息的概念及研究范畴

当今社会，人类进入信息时代，水系统是一个复杂的巨系统，人们时刻在监测和了解水系统中的各种信息，让更多的信息为人类服务。这就是水信息，是很多其他工作的重要基础。

水信息研究是利用现代信息技术与数值模拟、物理模型相结合，监测与挖掘水系统的各种信息，为人类决策提供更多有价值的信息。水信息的研究领域极为广泛，包括：

（1）各种水信息数据的获取和分析，如利用遥感技术、全球卫星定位以及其他数据采集与监测系统，利用地理信息系统、计算机技术、数据管理系统、数值模拟技术、数据库技术以及其他数据分析系统等。

（2）先进数值分析方法和技术，如利用一维、二维和三维水力、水质和水生态模型进行数值分析、洪水预报、洪灾监测与评估、突发水污染预警、水资源规划与管理等。

（3）决策支持系统研发与控制技术，如基于 Internet 建立水管理信息系统、决策支持系统、影响评价和决策系统等。

（4）数字水利、智慧水利等智能化技术应用，如应用于信息采集、水文模拟预报、防洪减灾、水土保持、水资源管理、水环境管理、规划设计、工程建设等。

2016 ／丙申年／十月 / October

周一 **10** 九月初十	
周二 **11** 九月十一	
周三 **12** 九月十二	
周四 **13** 九月十三 世界保健日	
周五 **14** 九月十四 世界标准日	
周六 **15** 九月十五 全球洗手日 国际盲人节	
周日 **16** 九月十六 世界粮食日	

42. 水信息的采集、传输和存储

水信息的采集，包括气象要素观测，天然河道的流量测验、泥沙测验、水位观测，地下水水位监测，各种水体水质监测等。水文测站的设立与监测：在流域内一定地点（或断面）按统一标准设立水文测站，并按照要求对所需的水文信息进行监测，获得相应的信息资料。一般观测项目主要有水位、流量、泥沙、降水、蒸发、水温、冰凌、水质、地下水位等。

采集到的水信息需要及时进行数据传输，采用的数据传输技术包括远程自动监控技术、通信技术、计算机网络技术、数据库技术等。

接收到的水信息需要安全、及时存储，采用的数据存储技术包括大容量、高性能、高安全的存储系统，磁盘阵列，虚拟磁带库，数据库技术等。

2016 ／丙申年／十月／ October

周一 **17** 九月十七	
周二 **18** 九月十八	
周三 **19** 九月十九	
周四 **20** 九月二十	
周五 **21** 九月廿一	
周六 **22** 九月廿二	
周日 **23** 九月廿三 霜降	

43. 水信息的挖掘与分析

水系统是一个内容十分丰富且错综复杂的巨系统。在获得大量的水信息之后,需要有一系列水信息挖掘、分析技术对水信息进行挖掘和分析,从而得到有用的信息或结果。

首先,要对获得的水信息进行甄别、整理与入库:

(1)在传输来的大量信息中,有些是有用信息,有些是假信息甚至是有破坏作用的垃圾信息,因此在使用之前需要对信息资料进行甄别。

(2)甄别后的信息可能是不规整的信息,需要按照一定标准进行整理再入数据库。

其次,通过已有的其他信息,对水信息进一步挖掘,获得更多、更完整、更便于应用的信息。基于 GIS 的水信息挖掘技术在水科学领域有广泛的应用,比如,洪水预报预警建模与数据挖掘,山洪灾害风险分析,地下水脆弱性评价,水资源规划与管理,水质与水环境信息挖掘,水生态变化与功能区划等。

此外,还需要对入库和得到的信息进行全面的检查和分析,一方面检查信息的可靠性,相互信息是否矛盾;另一方面也从获得的信息中分析得到更多、更有用的信息。比如,基于大量的水信息,利用相关的知识或模型,对水文、水资源、水环境演变趋势进行模拟、预测、预报和相关因子的分析。

2016 ／丙申年／十月／ October

周一 **24** 九月廿四	
周二 **25** 九月廿五	
周三 **26** 九月廿六	
周四 **27** 九月廿七	
周五 **28** 九月廿八	
周六 29 九月廿九	
周日 30 九月三十	

44. 数字水利与数字流域

　　数字水利是利用以信息技术为核心的一系列高新技术，对水利工作进行的全面技术升级和改造，上升到以数字技术为基础平台的水利工作系统。可以看出，数字水利是信息技术与水利行业应用需求相结合的产物，为水利现代化建设提供技术支撑，是数字中国的重要组成部分。数字水利已广泛应用于水文预报、防洪减灾、水土保持、水资源管理、水环境管理、规划设计、工程建设等。

　　数字流域是综合运用遥感（RS）、地理信息系统（GIS）、全球定位系统（GPS）、网络技术、多媒体及虚拟现实等现代高新技术对全流域的自然地理、资源利用、生态环境、人文景观与交通、经济社会状态等各种信息进行采集和数字化管理，为流域管理、经济建设和其他行业使用提供数字化平台。

　　数字水利与数字流域有着密切的联系，当然也有一定的区别。流域是空间地理概念，而水利是行业概念。如果数字流域只涉及流域中的水利问题，那么基本可以说，数字水利包括数字流域。当然，如果数字流域中除了水利行业内容以外还包括其他行业内容（如土地利用、资源开发、交通规划等），那么数字水利不完全包括数字流域，应该包括上述大部分内容。总体来看，数字流域是数字水利的基础。

2016 ／丙申年／十一月／November

周一 **31** 十月初一 寒衣节 世界勤俭日	
周二 **1** 十月初二	
周三 **2** 十月初三	
周四 **3** 十月初四	
周五 **4** 十月初五	
周六 **5** 十月初六	
周日 **6** 十月初七	

_____

_____

_____

_____

_____

_____

_____

_____

_____

_____

_____

_____

45. 水教育的概念及研究范畴

水教育，就是通过多种途径对广大公众、中小学生、大学生、社会团体等不同人群所进行的节水、爱水、护水等水知识普及、水情教育、公众节水科普宣传以及水科学技术教育等。

水教育的途径有三方面：一是面向水利高等院校、科技工作者和管理者所开展的水科学知识和水资源保护宣传教育；二是面向中小学生和少年儿童所开展的科普宣传和课外水知识学习教育；三是通过报纸、电视、网络、广播、标语、群众宣传等途径，向广大公众传播水法规、水政策、水科普知识，以及节水、爱水、护水的思想观念和做法等。

水教育的内容有四方面：一是科学技术知识教育，主要面向水利高等院校、科技工作者和管理者；二是水法规、水政策的宣传，主要向全社会介绍我国实行的各种涉水的法规、政策；三是介绍节水、爱水、护水的思想观念和重要意义，让大家都能积极保护水资源；四是介绍简单的节水、科学用水小常识和科普知识。

2016 ／丙申年／十一月 / November

周一 **7** 十月初八 立冬	
周二 **8** 十月初九	
周三 **9** 十月初十	
周四 **10** 十月十一	
周五 **11** 十月十二	
周六 **12** 十月十三	
周日 **13** 十月十四	

---

46. 水知识宣传与公众广泛参与的重要性

　　节约水资源、保护水资源、加强水资源管理，关系到每一个人。公众是水资源管理执行人群中的一个重要部分，尽管每个人的作用没有水资源管理决策者那么大，但是，公众人群的数量很大，其综合作用是水资源管理的主流，只有绝大部分人群理解并参与水资源管理，才能保证水资源管理政策的实施，才能保证水资源可持续利用。

　　"水教育"就是要加大与水有关的各种宣传教育，特别是向广大群众的水知识宣传，充分利用世界水日、中国水周宣传之际进行水知识普及与公众科普宣传；加强中小学水教育、水利高等教育等。

2016 ／丙申年／十一月 / November

周一 **14** 十月十五 下元节	
周二 **15** 十月十六	
周三 **16** 十月十七	
周四 **17** 十月十八	
周五 **18** 十月十九	
周六 **19** 十月二十	
周日 **20** 十月廿一	

47. 我国水利高等教育

中国有组织地实施水利教育始于20世纪初。1904年，清政府颁布的《奏定大学堂章程》中规定，大学堂内设农科、工科等分科大学。工科大学设9个工学门，各工学门设有主课水力学、水力机、水利工学、河海工、测量、施工法等。1915年，张謇在南京创建了河海工程专门学校，这是中国第一所专门培养水利工程技术人才的学校，也开创了水利高等教育先河。截至1949年，全国有22所高等学校设立水利系（组）。

新中国成立后，国家大力发展水利高等教育事业，培养了一大批水利人才。1950年北洋大学（现天津大学）等19所高等学校设水系。1952年全国院系调整，成立了一批水利高等院校。1952年，武汉大学水利系、南昌大学水利系、广西大学土木系水利组合并成立武汉大学水利学院；南京大学水利系、交通大学水利系、同济大学土木系水利组、浙江大学土木系水利组合并成立华东水利学院（现河海大学）。1952年在天津创办河北水利土木学校，现为河北工程技术高等专科学校。1953年，创办长春水力发电工程学校，现合并组建长春工学院。1954年，以武汉大学水利学院为基础组建武汉水利学院。1955年以后又创建部分水利院校。

2016 ／丙申年／十一月／ November

周一
21
十月廿二

周二
22
十月廿三
小雪

周三
23
十月廿四

周四
24
十月廿五

周五
25
十月廿六

周六
26
十月廿七

周日
27
十月廿八

48. 我国水利职业教育

　　水利职业教育是水教育的重要组成部分。2006年，水利部印发《关于大力发展水利职业教育的若干意见》，并将水利职业教育纳入"十一五""十二五"水利人才发展规划。2011年国家出台了《关于加快水利改革发展的决定》，召开了中央水利工作会议，对加快水利改革发展作出全面部署，提出要大力培养专业技术人才、高技能人才，支持大专院校、中等职业学校水利类专业建设，加大基层水利职工在职教育和培训力度。2013年，水利部和教育部联合印发《关于进一步推进水利职业教育改革发展的意见》，进一步明确了水利职业教育改革发展的目标和措施任务。这标志着我国水利职业教育改革发展迎来了重大战略机遇，水利职业教育得到快速发展。

2016 ／丙申年／十一月 / November

周一 **28** 十月廿九	
周二 **29** 十一月初一	
周三 **30** 十一月初二	
周四 **1** 十一月初三 世界艾滋病日	
周五 **2** 十一月初四	
周六 **3** 十一月初五	
周日 **4** 十一月初六	

49. 我国水利继续教育

　　继续教育是面向学校教育之后所有社会成员特别是成人的教育活动，是终身学习体系的重要组成部分。继续教育实践领域不断发展，研究范畴也在不断扩大和深入，特别是终身教育思想已经为越来越多的人所接受，对继续教育在经济、社会中的地位、作用、方法等都有一定的认识和实践，继续教育科学研究也有了重大发展。就水利继续教育而言，当前的水利职工培训越来越受到重视，中国水利工程协会建立了继续教育平台，个人可根据需要进行资格类别选择，进行网络继续教育课程学习。

　　以上关于我国水利职业教育、继续教育的知识，引自《新时期水利高等教育研究》（左其亭、李宗坤、梁士奎等编著，中国水利水电出版社，2014）

2016 ／丙申年／十二月 / December

周一 **5** 十一月初七	
周二 **6** 十一月初八	
周三 **7** 十一月初九 大雪	
周四 **8** 十一月初十	
周五 **9** 十一月十一	
周六 **10** 十一月十二	
周日 **11** 十一月十三 国际山岳日	

50. 水利发展阶段划分及水利 4.0

（1）"工程水利"阶段（水利 1.0）：1949—1999 年。

在这一时期，除了建设基本停滞的年代，就是以水利工程建设为主，可以用"工程水利"来表征，称为"工程水利"阶段（水利 1.0）。该阶段的特点是：以水利工程建设、大规模开发利用水资源为目标和指导思想，来开展水利工作。

（2）"资源水利"阶段（水利 2.0）：2000—2012 年。

这一时期治水思想发生很大变化，从"重视水利工程建设"到"把水资源看成是一种自然资源，重视人水和谐发展"转变，强调水资源的自然资源属性，称为"资源水利"阶段（水利 2.0）。该阶段的特点是：以重视水资源合理利用、实现人水和谐为目标和指导思想，来开展水利工作。

（3）"生态水利"阶段（水利 3.0）：2013—2020（2030）年前后。

水利部于 2013 年提出加快推进水生态文明建设的部署，以推进生态文明建设为主要目标的水利建设工作全面展开，估计现阶段水生态文明建设还将持续一段时间，至少可能延续到 2020 年（甚至 2030 年）前后。

（4）"智慧水利"阶段（水利 4.0）：2021—2050 年以后。

下一个水利发展阶段（即"水利 4.0"）应该为"智慧水利"阶段。该阶段的特点是：以丰富的水利经验为基础，充分利用信息通信技术和网络空间虚拟技术，使传统水利向智能化转型。

2016 ／丙申年／十二月／December

周一
12
十一月十四

周二
13
十一月十五

周三
14
十一月十六

周四
15
十一月十七

周五
16
十一月十八

周六
17
十一月十九

周日
18
十一月二十

51. 生态水利阶段（水利 3.0）与水生态文明建设

  水利部于 2013 年 1 月印发了《关于加快推进水生态文明建设工作的意见》（水资源〔2013〕1 号文），提出加快推进水生态文明建设的部署。从 2013 年开始，以推进生态文明建设为主要目标的水利建设工作全面展开，步入以"生态文明建设"为目标的水利新时代，强调以建设水生态文明为目标的水利建设。可称其为"生态水利"阶段（水利 3.0）的开始。该阶段的特点是：以保护生态、建设生态文明为目标和指导思想，来开展水利工作。

  因为这一阶段才走过 2 年多的时间，未来还会持续一段时间。为了实现"生态水利"阶段的奋斗目标，未来几年水利工作的重点应该包括：

  （1）深化水利改革，加强水生态文明制度建设，为生态水利建设提供制度保障。

  （2）遵循"节水优先"原则，崇尚节水文化，全面建成节水型社会。

  （3）全面落实最严格水资源管理制度，保障水资源可持续利用。

  （4）健全水资源保护与河湖健康保障体系，保护生态环境。

  （5）优化水资源开发格局，促进水资源与经济社会和谐发展。

  （6）加强水文化建设，逐步形成全社会生态文明文化伦理形态。

2016 ／ 丙申年 ／ 十二月 ／ December

周一
19
十一月廿一

周二
20
十一月廿二

周三
21
十一月廿三
冬至

周四
22
十一月廿四

周五
23
十一月廿五

周六
24
十一月廿六
平安夜

周日
25
十一月廿七
圣诞节

_____

_____

_____

_____

_____

_____

_____

52. 水利 4.0 战略——智慧水利框架

　　智慧水利涉及的内容非常广泛，除了充分利用信息通信技术和网络空间虚拟技术外，还需要基于深入的水文学、水资源、水环境、水安全、水工程、水经济、水法律、水文化科技成果。智慧水利是一个"高大上"的概念，不能认为智慧水利主要是信息科学的事，需要充分利用积累的水利建设和治水经验，是传统水利与现代技术的有机结合。可以把这一水利阶段的框架描述为：

　　（1）各项水利工作以充分利用信息通信技术和网络空间虚拟技术为主要手段，以水利工作智能化为主要表现形式。

　　（2）实现水系统监测自动化、资料数据化、模型定量化、决策智能化、管理信息化、政策制度标准化。

　　（3）集"河湖水系连通的物理水网、空间立体信息连接的虚拟水网、供水－用水－排水调配相联系的调度水网"为一体的水联网，是智慧水利的重要基础平台。

　　（4）集"基于现代信息通信技术的快速监测与数据传输、基于大数据和云技术的数据存储与快速计算、基于通信技术和虚拟技术的智能水决策和水调度"为一体的智慧中枢，是智慧水利的核心高科技。

　　（5）集"实时监测、快速传输、准确预报、优化决策、精准调配、高效管理"为一体的多功能、多模块无缝连接系统，实现软件系统高度融合。

　　（6）集"水循环模拟、水资源高效利用、水环境保护、水安全保障、水工程科学规划、水市场建设、水法律政策制度建设、水文化传承建设、现代信息技术应用"为一体的巨系统集成体系，是基于比较成熟的水利工作经验的产物。

2016 ／丙申年／十二月 / December

周一
26
十一月廿八

周二
27
十一月廿九

周三
28
十一月三十

周四
29
腊月初一

周五
30
腊月初二

周六
31
腊月初三

53. 未来水科学研究

为了支撑 "智慧水利" 工作，未来水利科技重点研究方向包括：

（1）信息通信技术和网络空间虚拟技术应用研究。构建 "物理水网、虚拟水网、调度水网" 于一体的水联网，实现软件系统高度融合，建成多功能、多模块无缝连接系统。

（2）水系统快速监测、大数据传输与存储技术。基于现代信息通信技术对水系统进行快速监测与数据传输，基于大数据和云技术对数据进行存储和交互使用，实现水系统监测自动化、资料数据化，达到实时监测、快速传输的目标，构建水系统 "立体感知体系"。

（3）复杂水系统模拟及人水关系调控模型集成。耦合集成水系统模拟、水资源高效利用、水环境保护、人水和谐目标量化、保障体系分方案模拟、水资源实时调度、防洪抗旱减灾指挥等各种模块，并基于大数据和云技术进行快速计算，构建智慧水利的 "模块集成系统"。

（4）智能水决策和水调度快速生成与执行系统。构建基于通信技术和虚拟技术的智能水决策和水调度系统，实现管理信息化、决策智能化，达到优化决策、精准调配、高效管理、自动控制、主动服务的目标，构建智慧水利的 "决策与服务体系"。随时为客服提供个性化订单式服务，实现水管理精准投递。

关于展望部分的内容，引自《中国水利发展阶段及未来 "水利 4.0" 战略构想》（左其亭，《水电能源科学》2015 年第 4 期）一文。

1. 水利部有关主要单位及常用电话

单位名称	电话	地址
水利部	010-63202114	北京市白广路二条 2 号
水利部直属单位（京内）		
水利部综合事业局	010-63203615	北京市南线阁街 58 号
水利部水文局（水利信息中心）	010-63202557	北京市白广路二条 2 号
水利部南水北调规划设计管理局	010-63207213	北京市海淀区玉渊潭南路 3 号
水利部机关服务局	010-63202077	北京市白广路二条 2 号
水利部水利水电规划设计总院	010-62033377	北京西城区六铺炕北小街 2-1 号
中国水利水电科学研究院	010-68781294	北京市海淀区复兴路甲一号
水利部新闻宣传中心	010-63202656	北京市白广路二条 16 号
中国水利报社	010-63205285	北京市海淀区玉渊潭南路 3 号
中国水利水电出版社	010-68317638	北京市海淀区玉渊潭南路 1 号 D 座
水利部发展研究中心	010-63204287	北京市海淀区玉渊潭南路 3 号
中国灌溉排水发展中心	010-63203366	北京市广安门南街 60 号
水利部预算执行中心	010-63202359	北京市白广路二条 2 号
中国水利学会	010-63204552	北京市白广路二条 16 号
水利部直属单位（京外）		
长江水利委员会	027-82828114	武汉市解放大道 1863 号
黄河水利委员会	0371-66026111	郑州市金水路 11 号
淮河水利委员会	0552-3092114	安徽省蚌埠市东海大道 3055 号
海河水利委员会	022-24103114	天津市河东区龙潭路 15 号
珠江水利委员会	020-87117114	广州市天寿路 80 号珠江水利大厦
松辽水利委员会	0431-5607114	长春市解放大道 4188 号
太湖流域管理局	021-35054999	上海市虹口区纪念路 480 号
南京水利科学研究院	025-85828808	南京市广州路 223 号
国际小水电中心	0571-87132778	杭州市西湖区南山路 136 号
中国水利博物馆	0571-82863601	杭州市萧山区水博大道 1 号
水利部小浪底水利枢纽管理中心	0371-63898111	郑州市紫荆山路 68 号

注　根据水利部网站进行收集整理。

2. 开设水利类专业的本科高校

专业	数量	学校名称
4	4	河海大学、华北水利水电大学、武汉大学、扬州大学
3	15	河北工程大学、太原理工大学、内蒙古农业大学、长春工程学院、黑龙江大学、浙江水利水电学院、南昌工程学院、山东农业大学、三峡大学、长沙理工大学、四川大学、西藏大学、西北农林科技大学、青海大学、新疆农业大学
2	17	中国农业大学、天津大学、天津农学院、河北农业大学、大连理工大学、沈阳农业大学、东北农业大学、济南大学、郑州大学、重庆交通大学、四川农业大学、昆明理工大学、云南农业大学、西安理工大学、甘肃农业大学、宁夏大学、石河子大学
1	48	清华大学、中国地质大学（北京）、华北电力大学、天津城建大学、石家庄经济学院、山西农业大学、大连海洋大学、吉林大学、吉林农业科技学院、哈尔滨工程大学、同济大学、上海交通大学、上海海事大学、南京大学、东南大学、江苏科技大学、中国矿业大学（徐州）、淮海工学院、浙江大学、浙江工业大学、浙江海洋学院、合肥工业大学、安徽农业大学、福州大学、南昌大学、东华理工大学、山东大学、中国海洋大学、山东科技大学、山东交通学院、河南理工大学、华中科技大学、中国地质大学（武汉）、长江大学、湖南农业大学、中山大学、华南理工大学、广西大学、桂林理工大学、西南大学、贵州大学、西华大学、西昌学院、长安大学、兰州大学、兰州理工大学、兰州交通大学、塔里木大学
三本独立学院	13	天津大学仁爱学院、河北农业大学现代科技学院、河北工程大学科信学院、太原理工大学现代科技学院、沈阳农业大学科学技术学院、河海大学文天学院、扬州大学广陵学院、三峡大学科技学院、长沙理工大学城南学院、湖南农业大学东方科技学院、成都理工大学工程技术学院、昆明理工大学津桥学院、新疆农业大学科学技术学院
合计	97 所	

注　本资料由中国工程教育专业认证协会水利类分委员会秘书处提供；水利类专业共 4 个，即水利水电工程、水文与水资源工程、港口航道与海岸工程，农业水利工程；全国 985 和 211 高校分别为 39 所和 112 所，其中涉水高校分布为 18 所和 39 所。

3. 中国水科学研究进展报告

水科学（water science）是最近 20 年来出现频率很高的一个词，已经渗透到社会、经济、生态、环境、资源利用等许多方面，也派生出许多新的学科或研究方向，成为学术研究和科技应用的热点。每年涌现出大量的理论研究和实践应用成果。水科学的发展关乎到国民经济发展、国计民生、水资源可持续利用、人体健康、生活水准、甚至国家和地区安全，是一门应用性很强的学科。政府部门和广大科技人员对水的利用和管理也不断提出新的思路和观点，对水问题的治理和水资源管理也不断出现新的经验和成果。为了把先进理论、技术、方法和经验推广和应用，急需对最新研究成果和应用经验进行归纳总结。

从 2011 年开始，经过 5 年的策划，计划每两年编撰一本水科学研究进展报告。《中国水科学研究进展报告 2011—2012》已于 2013 年 6 月首次发布，由中国水利水电出版社正式出版。《中国水科学研究进展报告 2013—2014》已于 2015 年 6 月出版。该书是在全面收集最近两年有关水科学研究成果的基础上，从水文学、水资源、水环境、水安全、水工程、水经济、水法律、水文化、水信息、水教育等十个方面，系统展示水科学近两年的最新研究进展，发布最新研究状况，积极推动水科学的发展和多学科融合。

《中国水科学研究进展报告 2013—2014》全书共分 14 章。第 1 章阐述水科学的范畴及学科体系，重点对 2013—2014 年水科学研究进展总体情况进行介绍，是研究进展综合报告；最后简要介绍水科学发展趋势与展望。第 2 章至第 11 章是对 2013—2014 年水科学 10 个分类的研究进展进行专题介绍，分别包括有关水文学、水资源、水环境、水安全、水工程、水经济、水法律、水文化、水信息、水教育共 10 个方面的研究进展，是研究进展专题报告。第 12 章、第 13 章分别介绍了 2013—2014 年水科学方面的学术交流、学术著作情况。第 14 章对本书引用的文献进行统计分析。

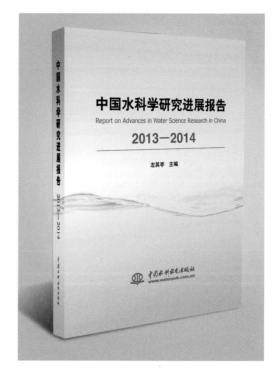